"蓝钥匙"科普系列丛书

龙宫寻宝

深 蓝◇著

丛书主编 郭曰方
丛书副主编 阎 安 于向昀
丛书编委 马晓惠 深 蓝
          向思源 阎 安
          于向昀 张春晖

山西出版传媒集团
山西教育出版社

图书在版编目(CIP)数据

龙宫寻宝/深蓝著. —太原:山西教育出版社,2015.9
("蓝钥匙"科普系列丛书/郭曰方主编)
ISBN　978－7－5440－7804－7

Ⅰ.①龙…　Ⅱ.①深…　Ⅲ.①海洋－少儿读物　Ⅳ.①P7－49

中国版本图书馆 CIP 数据核字(2015)第 159296 号

龙宫寻宝
LONGGONG XUNBAO

责任编辑　彭琼梅
复　　审　李梦燕
终　　审　潘　峰
装帧设计　薛　菲
内文排版　孙佳奇　孙　洁
印装监制　贾永胜

出版发行　山西出版传媒集团·山西教育出版社
　　　　　(太原市水西门街馒头巷 7 号　电话:0351－4035711　邮编:030002)
印　　装　山西新华印业有限公司
开　　本　787×1092　1/16
印　　张　7
字　　数　156 千字
版　　次　2015 年 9 月第 1 版　2015 年 9 月山西第 1 次印刷
印　　数　1－3 000 册
书　　号　ISBN　978－7－5440－7804－7
定　　价　20.00 元

如发现印装质量问题,影响阅读,请与印刷厂联系调换。电话:0351－4120948

目 录

引言 1

一 推动世界的"液体黄金" 6

二 来自远古的财富 22

三 散落在海滨的宝藏 41

四 深海宝库 54

五 冷了，饿了？烧块冰吧！ 74

六 向着宝库，下潜！ 92

人物介绍

姓名 蠹鱼

昵称：小鱼儿

性别：请自己想象

年龄：加上吃过的古书的年龄，已超过 3000 岁

性格：（自诩的）知书达理

爱好：吃书页，越古老越好

口头语：这个我知道！我会错吗？

姓名 阿龙

昵称：龙哥

性别：男

年龄：因患疑似痴呆症，忘记了

性格：迟钝、温和

爱好：旅游、欣赏自然、提问

口头语：可是这个问题还是没解决啊！

1

天下最富有的地方是哪里？

什么，你不知道？！

完了完了，看来你真的很无知。

想想看，以后外星人来访问地球的时候，看见别人，他们会说："这是地球上的黄种人、黑种人、白种人……"而看见你的时候，他们只会说："这是地球上最无知的人！"这是多悲惨的一件事啊！

不过，算你走运，能看到这本书。建议你赶紧掏银子把它买回家去，好好研究一下，这样将来就能创造财富了。

要记住，投入极少的成本获得巨大的利润，这是最合理的理财之道。

现在我悄悄地告诉你：据我国著名学者、作家吴承恩研究，地球上最富有的地方，位于深海海底。这一理论经我国古代"探测人员"孙悟空、猪八戒等人实地考察，得到了证实。

啥？你说这是志怪小说里虚构的，不能信以为真？嘿！你还别不信，我可以证明给你看。

你问我证明不出来咋办？引用一句天地会香主、著名武林人士韦小宝的名言回答你："非让你闭月羞花了不可！"

在出发前，容我多啰嗦一句——在某些科普文章上有这样的话：可以毫不夸张地说，海洋中几乎有陆地上的各种资源，而且还有陆地上没有的一些资源。目前人们已经发现的有以下六大类，分别为石油和天然气、煤和铁等固体矿产、海滨砂矿、多金属结核和富钴锰结壳、热液矿藏以及可燃冰。

不信是吧！那就跟我来吧。

你知道什么是"液体黄金"吗？

上百度搜索一下，大概能找到很多种不同的答案，比如说：高档葡萄酒被国外投资者誉为"液体黄金"，山茶油被称作"东方的液体黄金"，母亲的初乳是新生宝宝的"液体黄金"，鳕鱼肝油是新兴的"液体黄金"，橄榄油在西方被誉为"液体黄金"……不一而足。

"液体黄金"
——橄榄油

但 哪种东西是最初的"液体黄金"呢?

也就是说,被人们普遍认可的第一种"液体黄金"是什么东西呢?

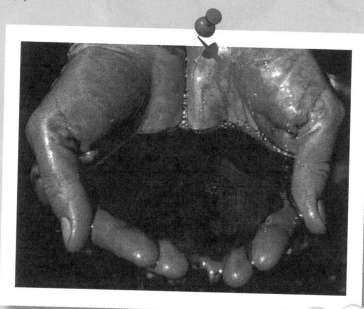

告诉你正确答案吧,这种可贵的东西就是石油!

它曾经被人们称作"黑色的液体黄金"。

毫无疑问,"液体"这两个字,是在描述石油的形态,而"黄金",则是阐明它的价值。

9

"液体黄金"——石油

当然是因为石油的昂贵。你肯定经常能听到这样的新闻——"油价又涨了！"而一样东西会涨价，是因为它供小于求，石油也不例外。

石油的需求量之所以会这么大，是因为它的用途广泛。要知道，我们这个世界，就是靠石油推动的。

以石油为原料制成的产品，可分为石油燃料、石油溶剂与化工原料、润滑剂、石蜡、石油沥青、石油焦等。其中，各种石油燃料产量最大，约占总产量的90%；各种润滑剂品种最多，产量约占5%。

在各种石油燃料中，汽油是消耗量最大的品种。汽车、摩托车、快艇、直升飞机、农林用飞机等现代化交通工具，都要使用汽油做燃料。商品汽油按该油在汽缸中燃烧时抗爆性能的优劣区分，标记为辛烷值70、80、90或更高。标号越大，表明汽油的性能越好。

同样是飞机，喷气式飞机使用的燃料叫"喷气燃料"，这类油要求发热量大，在零下50摄氏度时不出现固体结晶，以适应高空低温高速飞行的需要。

我们经常听说的煤油也是石油燃料的一种，属于轻质石油产品，由天然石油或人造石油经分馏或裂化而成。通常说到"煤油"，大多指的是照明煤油，又叫灯用煤油和灯油，也称"火油"或"洋油"。煤油纯品是无色透明的液体，含有杂质时呈淡黄色。其优点是燃烧完全，亮度足，火焰稳定，不冒黑烟，不结灯花，无明显异味，对环境污染小。

不同用途的煤油，化学成分不同。除点灯照明外，煤油还可用作各种喷灯、汽灯、汽化炉和煤油炉的燃料，也可用作机械零部件的洗涤剂，橡胶和制药工业的溶剂，油墨稀释剂等，有的煤油还用来制作温度计。按其品质从高到低排列，煤油可分为动力煤油、溶剂煤油、灯用煤油、燃料煤油和洗涤煤油。

煤油灯

煤油能用来做飞机燃料吗？

答案：能。这种煤油的英文名称是"Jet fuel No.3"，即"3号喷气燃料"，别名航空煤油，是经物理和化学手段精制而成的一种透明液体。

航空煤油是喷气发动机飞机专用的航空燃油。它的特点是密度适宜，热值高，燃烧性能好，能迅速、稳定、连续地完全燃烧；低温流动性好，能满足寒冷低温地区和高空飞行对油品流动性的要求；热稳定性和抗氧化性好，可以满足超音速高空飞行的需要；洁净度高，无机械杂质及水分等有害物质，硫含量低，对机件腐蚀性小。

柴油也是一种石油燃料，广泛用于大型车辆、船舰。由于汽车用的高速柴油机比汽油机省油，柴油需求量的增长速度大于汽油，甚至一些小型汽车也改用柴油。对石油及其加工产品，习惯上将沸点或沸点范围低的称为"轻××"，相反称为"重××"。因此柴油分为轻柴油和重柴油两种。

此外，石油燃料还包括液化石油气燃料以及锅炉燃料，后者可分为炉用燃料油和船舶用燃料油。

柴油

推动世界发展，只是石油的主要功劳之一，或者说，这只是石油燃料的主要工作。石油产品还有其他几类用途：像石油溶剂，多用于香精、油脂、试剂、橡胶加工、涂料工业等，或用于清洗仪器、仪表、机械零件等。石油还可用来制造润滑剂，即润滑油和润滑脂。从石油制得的润滑油约占总润滑剂产量的95%以上，这些产品除具有润滑性能外，还具有冷却、密封、防腐、绝缘等作用。润滑剂中产量最大的是内燃机油，其余为齿轮油、液压油、汽轮机油、电器绝缘油、压缩机油等。俗称黄油的润滑脂也是用石油加工制造而成的，它是润滑剂加稠化剂制成的固体或半固体，用于不宜使用润滑油的轴承、齿轮等部位。

汽车加油

在所有石油制品中，最值得一提的当属石蜡。它是从石油、页岩油或其他矿物油中提取出来的一种怪类蜡，经冷冻结晶、压榨脱蜡制得蜡膏，再进一步精制而得的片状或针状结晶，所以它的别名叫"晶形蜡"。

固体石蜡

根据加工精制程度不同，石蜡可分为全精炼石蜡、半精炼石蜡和粗石蜡3种。粗石蜡含油量较高，主要用于制造火柴、篷帆布等。石蜡中加入有机添加剂后，其熔点增高，黏附性和柔韧性增加，广泛用于防潮防水的包装纸、纸板、某些纺织品的表面涂层等。

若将纸张浸入液体石蜡中，就可制得有良好防水性能的各种蜡纸，我们常见的食品、药品等的包装纸就是这种蜡纸。棉纱中加入少量石蜡，可使纺织品柔软、光滑而又有弹性；石蜡还可以用于洗涤剂、乳化剂、分散剂等的制备。由于动物蜡和植物蜡资源越来越紧张，现在的蜡烛大多是由石蜡制成的。

全精炼石蜡和半精炼石蜡用途很广，主要用做蜡纸、蜡笔、蜡烛、复写纸等商品的组分及包装材料，烘烤容器的涂敷料，水果保鲜材料，电器元件绝缘材料等。

《石油蛋白》

石油也能吃吗？答案：可以！

不信是吧！看看著名科幻作家叶永烈先生的小说《石油蛋白》，你就明白了。这篇文章发表在1976年第1期《少年科学》杂志上。

《石油蛋白》讲述了这样一件事：记者到银海油田去采访，指挥部的王师傅拿出蛋糕、牛奶和肉馅包子来招待他们，并对他们说，这些就是新发明，它们都是用石油做的！

这些新发明的产生与制造石油产品有着密切的关系。汽车和飞机等都使用石油燃料，在天气特别寒冷的情况下，油管很容易被石蜡堵塞，因而引发事故。因此，在炼制和加工汽油、煤油、柴油等石油产品时，必须除去油中的石蜡，这个过程叫做"脱蜡"。然而，脱蜡的技术比较复杂，需要使用的设备也很多，成本比较高，银海油田为此成立了脱蜡攻关小组。

一个偶然的机会，一位工人发现葡萄表面的乳白色的蜡质出现了"疤痕"。经研究发现，这些蜡质是被细菌吃掉了。在微生物研究所科研人员的帮助下，脱蜡攻关小组的同志们找到了近百种可吃掉蜡质的细菌，并用人工方法培育出了一大批纯净的"癞疤细菌"——他们称其为"嚼蜡菌"。这些嚼蜡菌威力无比，一昼夜时间就能把汽油中的石蜡吃得干干净净。

完成任务的嚼蜡菌最初被成吨成吨地倒掉了。后来，攻关小组的同志们发现鸟儿和鱼儿都抢着吃这些被倒在地上和水里的嚼蜡菌，这使他们想到，可以用这些嚼蜡菌来生产食品，因为嚼蜡菌里富含蛋白质。

原来，古代的动植物里所含的蛋白质，是在微生物的作用下，经过漫长的压缩和加热过程才变成石油的。如今，借助微生物的作用，石油能够重新变成蛋白质。这就是嚼蜡菌能够产生这么多蛋白质的原因。

此后，银海食品厂使用嚼蜡菌为原料，生产出了蛋糕、奶粉、肉酱等各种鲜美可口的食物。记者亲眼目睹了这一过程，才明白刚才吃的美味食物是怎么来的。

你可能认为，叶永烈先生的这篇作品属于科幻小说，尽管文章中提出的观点有在现实中实现的可能性，但直到现在，我们还没有看到任何一种以石油为原料加工出来的食品。所以，你仍然抱有这样的疑问——

石油能吃吗？对这个问题，我的回答是："快了。"

上海酵母厂

科学家们早就发现，乌黑的原油中可以提取出适合人类体质的蛋白质，利用先进的食物合成与加工技术，可以将这些人造蛋白质做成许多美味的咸肉块、火腿、鲜美的鸡肉、人造奶粉等食品。早在 10 年前，化学工程师与生物化学家已开始联手合作，从事这一神圣的工作。在人口增加与粮食增产不协调的今天，这可真是个令人振奋的好消息。

现在世界上许多有名的大石油公司已致力于这方面的研究，其中英国石油公司是最早开始且其研究也是最具成效的公司。他们利用石油来生产酵母。美国的标准石油公司和海湾石油公司以及法国的石油研究所等机构也在从事这方面的研究工作。此外，日本钟渊化学公司高砂工厂以及我们中国石油公司嘉义溶剂厂在石油蛋白质的研究上都颇有成效。

现在你知道了，"吃石油"这事儿已经指日可待了。

不久的将来，当石油制成的食品端上饭桌的时候，你可以号召大家跟你一起欢呼："我们都是'汽车人'！"然后——开动！

石油还有其他用途吗？

当然了，比如说，石油沥青，可以用来铺路，也可以用于建筑；石油焦，可以用来冶金（钢、铝）……石油的用途比你想象的要广泛得多呢！

除了这些，各个炼油过程中还会产生一些在常温下是气体的物质，总称炼厂气。它直接做燃料，或加压液化后成为液化石油气。

现在你明白了吧！我们现今拥有的这个世界，主要是靠石油推动的。

所以，它被称为"液体黄金"，一点儿都不稀奇。

石油平台是用来在海上钻井和开采石油的

这些是古董，值一大笔钱呢。

超过100年以上历史的，就算是古董了。

什么样的东西才能叫古董？

不知道你有没有注意过这样一个现象，一个很常见的现象——同样是一个班的学生，有聪明的，有头脑迟钝的；有长得出众的，也有长相普通的；有成绩好的，也有成绩差的；最惨的就是考试排倒数第一的那位，经常被家长数落……

是的是的，我知道你想要告诉我，虽然同样是人，可每个人都和别人不一样，世界就是因此才丰富多彩的。

我还知道，考试排倒数第一的同学最不容易，他为大家牺牲了自己。因为只要是考试，排名总会有先后，而考最末一名的总会挨批评。不过，通过总结教训，坏事变成好事，有可能后来居上呢。只要找到原因，全班同学引以为戒，便会形成你追我赶的学习风气。这不是很好吗？

当然啦，以上所说的，都是安慰那些考试没考好的同学的话，要想"后来居上"，还得多下苦功夫，可能要把每天打游戏的时间都花在读书上。这可不是件轻松的事。

不过呢，虽然不能尽情地玩儿让人不怎么舒服，可跟其他人一比，你会发现你还是十分幸运的。

比如说，跟"火星人"比一比吧。火星上没有我们能够呼吸的氧气，那里的大气，主要成分是二氧化碳；火星上没有我们爱吃的肯德基，因为那里根本没有鸡；火星上没有磁场，一旦迷路了，连指南针都用不了；火星上目前还没有发现煤和石油，冷的时候想生个火炉取暖都困难，更别提开着汽车出门了……

所以说嘛，跟火星人比起来，你的生活条件好得多了。在火星人看来，你真算得上是个幸运儿。

能有这样的幸运，是因为你受到了地球的照顾和疼爱。

比如说，如今在各个领域广泛使用的石油，就是地球花费了很长很长的时间才制造出来的。

石油又称原油，是从地下深处开采的棕黑色可燃的黏稠液体。石油的主要成分是各种碳氢化合物。它是古代海洋或湖泊中的生物经过漫长的演化形成的，与煤一样属于化石燃料。

也就是说，你现在享用的，是地球在远古时期就开始创造的财富。

按流行的说法，你可以算得上地球上的"富二代"了……啊，不，应该说是"富N代"才对。46亿年的时间，地球已经有过许多许多孩子了——那些植物、动物们，也是地球的孩子。

虽然比起许多外星人，你算是很富有了，可你也得注意，如今很多你正在使用的来自远古的财富，都属于"不可再生能源"，一旦用完就没有了，比如说石油。

不可再生能源

不可再生能源也叫非可再生能源，是人类开发利用后，在现阶段不可能再生的能源资源。比如，煤和石油都是古生物的遗体被掩压在地下，经过漫长的演化而形成的。它们一旦被燃烧耗用后，不可能在数百年乃至数万年内再生。不可再生能源除了煤和石油外，还有天然气、核能等。

煤炭

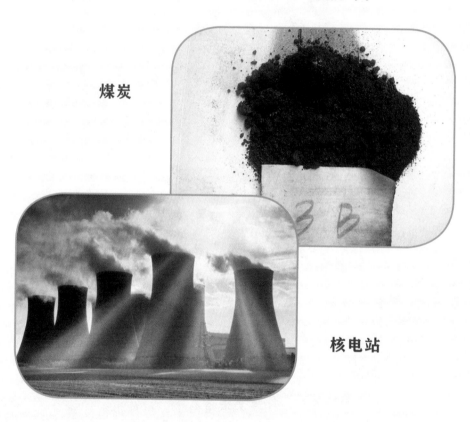

核电站

28

现在你明白了吧！你这个地球上的"富 N 代"一直都在吃老本，这样下去，总有一天会坐吃山空，到那时候，你就只能无可奈何地叹气了。

你可能会问，经常听人说到"投资"，也经常听人说到"钱生钱"，也就是说，合理的投资可以使财富增加，可为什么从没听人说过"石油生石油"呢？石油不是属于我们的财富吗？

唔，看来你需要好好了解一下你所拥有的财富。我们还是来说说这个"石油"吧。

组成石油的化学元素主要是碳和氢，其余成分有硫、氮、氧及微量金属元素，如镍、钒、铁、锑等。由碳和氢化合而成的烃类是构成石油的主要成分。

石油开采

29

有研究表明，石油的生成至少需要 200 万年的时间，在现今已发现的油藏中，时间最老的可达 5 亿年之久。在地球不断演化的漫长历史过程中，有一些"特殊时期"，如古生代和中生代。在这些"特殊时期"，大量的植物和动物死亡后，构成其身体的有机物质不断分解，与泥沙或碳酸质沉淀物等物质混合组成沉积层。由于沉积物不断地堆积加厚，导致温度和压力上升，随着这种过程的不断进行，沉积层变为沉积岩，进而形成沉积盆地，这就为石油的生成提供了基本的地质环境。

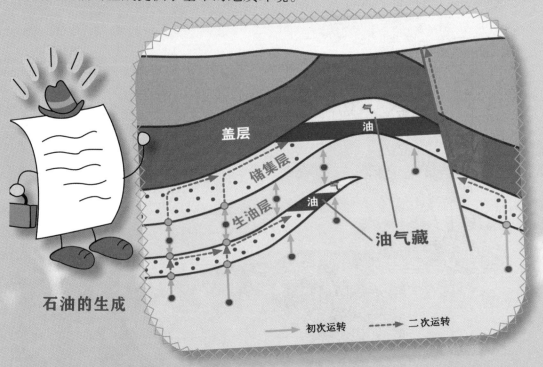

石油的生成

大多数地质学家认为石油和煤、天然气一样，是古代有机物通过漫长的压缩和加热后逐渐形成的。这一理论叫做"生物成油理论"。依照该理论，石油是由史前的海洋动物和藻类遗体变化形成的。

在几千万年甚至上亿年以前，在海湾和河口地区，许多海洋生物大量地繁殖。这些海洋生物的遗体就是生成海底石油和天然气的"原料"。经过漫长的地质年代，每年被河流带入海洋的泥沙年复一年地把大量生物遗体一层一层掩埋起来。如果这个地区处在不断下沉之中，堆积的沉积物和掩埋的生物遗体便越来越厚。被埋藏的生物遗体与空气隔绝，处在缺氧的环境中，再加上厚厚岩层的压力、温度的升高和细菌的作用，便开始慢慢分解，经过漫长的地质时期，这些生物遗体就逐渐变成了分散的石油和天然气。

浮游生物的遗骸与氧隔绝
碳氢化合物生成，石油母岩在海底形成
石油母岩
埋没
沙岩
石油生成

生成的油气还需要有储存它们的地层和防止它们跑掉的盖层。由于上面地层的压力，分散的油滴被挤到四周多孔隙的岩层中。这些藏有油的岩层就成为储油地层。这样的岩层处在储油层的顶部和底部，它们会把石油封闭在里面，成为保护石油的盖层。

浅海的地层常常是由砂层和岩层等构成的，这些都叫沉积岩。沉积岩本来应当成层地平铺在海底，但由于地壳变动，使它们弯曲、变斜或断开了。向上弯的叫背斜，向下弯的叫向斜。有的像馒头一样的隆起，叫穹隆。有些含有油气的沉积岩层，由于受到巨大压力而发生变形，石油都跑到背斜里去了，形成富集区。这样聚集到一起的石油就形成了油田。

　　通过钻井的方法人们可以从油田中获取石油。地质学家将石油形成的温度范围称为"油窗"。温度太低石油无法形成，温度太高则会形成天然气。背斜构造往往是储藏石油的"仓库"，在石油地质学上叫"储油构造"。通常，由于天然气密度最小，处在背斜构造的顶部，石油处在中间，下部则是水。寻找油气资源就要先找这种地方。

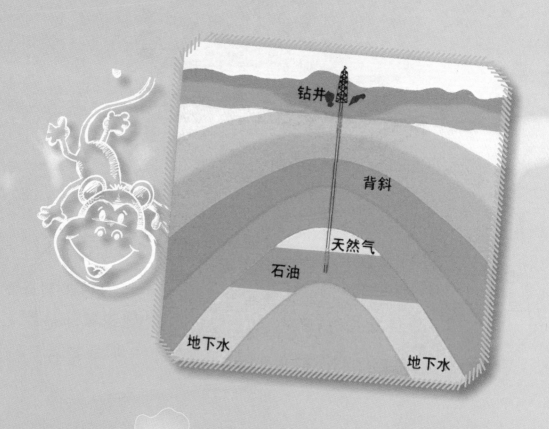

非生物成油理论

　　非生物成油理论是天文学家托马斯·戈尔德在俄罗斯石油地质学家尼古莱·库德里亚夫切夫的理论基础上发展形成的。这个理论认为在地壳内已经有许多碳，这些碳自然地以碳氢化合物的形式存在。碳氢化合物比岩石空隙中的水轻，因此沿岩石缝隙向上渗透。石油中的生物标志物是由居住在岩石中的、喜热的微生物导致的，与石油本身无关。这个理论只有少数地质学家支持。它一般被用来解释一些油田中无法解释的现象，不过这些现象很少发生。

石油标本

原油的分布从总体上来看极端不平衡：从东西半球来看，约3/4的石油资源集中于东半球，西半球仅占1/4；从南北半球看，石油资源主要集中于北半球；从纬度分布看，石油资源主要集中在北纬20°～40°和50°～70°两个纬度带内。

世界海洋石油的绝大部分存在于大陆架上。海底石油是埋藏于海洋底层以下的沉积岩及基岩中的矿产资源之一。海底石油，包括天然气的开采，始于20世纪初，但在相当长时期内仅发现少量的海底油田，直到20世纪60年代后期，海上石油的勘探和开采才获得突飞猛进的发展。现在全世界已有100多个国家和地区在近海进行油气勘探，40多个国家和地区在150多个海上油气田进行开采，海上原油产量逐日增加，日产量已超过100万吨，约占世界石油日产总量的1/4。

石油输送管道

石油的秘密

1. 最早发现石油的记录源于《易经》："泽中有火，革。"泽，指湖泊、池沼。"泽中有火"，是石油蒸气在湖泊、池沼表面起火的现象。此书在西周时已编成，距今已有3000多年。

2. 最早开展海上钻油的是中国人。最早的油井在东晋时期就已出现。中国人使用固定在竹竿一端的钻头钻探，深度可达约1000米。他们焚烧石油来蒸发盐卤，制造食盐。在五代时期，中国人已能够使用竹竿做的管道来连接油井和盐井。

3. 最早记载石油性能和产地的古籍，是东汉文学家、历史学家班固所著的《汉书·地理志》。书中写道："高奴县有洧水可燃。"高奴县指现在的陕西延安一带，洧水是延河的一条支流。这里明确记载了石油的产地，并说明石油是水一般的液体，可以燃烧。

4. 最早采集和利用石油的记载，是南朝（公元420—589年）范晔所著的《后汉书·郡国志》："县南有山，石出泉水，大如，燃之极明，不可食。县人谓之石漆。""石漆"，当时指的就是石油。

5. 晋代张华所著的《博物志》和北魏地理学家郦道元所著的《水经注》也有类似的记载。《博物志》一书既提到了甘肃玉门一带有"石漆"，又指出这种石漆可以作为"膏车"，用来润滑车轴。这些记载表明，我国古代人民不仅对石油的性状有了进一步的认识，而且开始进行采集和利用了。

6. 我国古代人民除了把石油用于机械润滑外，还用于照明和燃料。唐朝（公元618—907年）段成武所著的《酉阳杂俎》一书，称石油为"石脂水"，可见当时我国已应用石油作为照明灯油了。

7. 唐朝时期，我国人民就已看到石油在军事方面的重要性，并开始把石油用于战争。据《元和郡县图志》记载，唐朝年间（公元578年），突厥统治者派兵包围攻打甘肃酒泉，当地军民把"火油"点燃，烧毁敌人的攻城工具，打退了敌人，保卫了酒泉城。此后石油在军事上的应用渐广。后梁时期，就有把"火油"装在铁罐里，发射出去烧毁敌船的战例。北宋曾公亮的《武经总要》中，详细记载了如何使用以石油为原料制成颇具威力的进攻武器"猛火油"。

8. "石油"这一词汇最早出现在公元977年北宋人编著的《太平广记》中。而最早给石油以科学命名的是我国北宋的杰出科学家沈括。他在其名作《梦溪笔谈》中，把历史上沿用的石漆、石脂水、火油、猛火油等名称统一命名为"石油"，并对石油作了极为详细的论述，且断言："此物后必大行于世，自余始为之。盖石油至多，生于地中无穷，不若松木有时而竭。""石油"一词，首用于此，沿用至今。

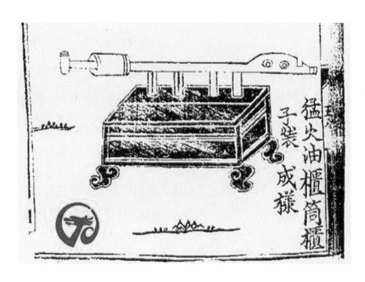

9. 宋朝时石油能被加工成固态，制成石烛。石烛点燃时间较长，一支石烛可顶三支蜡烛。宋朝著名的爱国诗人陆游在《老学庵笔记》中，就有用石烛照明的记述。

10. 石油还是我国古代最早使用的药物之一。明朝李时珍的《本草纲目》曾经记载，石油"主治小儿惊风，可与他药混合作丸散，涂疮癣虫癞，治铁箭入肉"。

11. 我国明代以后，石油开采技术逐渐流传到国外。明朝科学家宋应星的科学巨著《天工开物》，把长期流传下来的石油化学知识作了全面的总结，对石油的开采工艺作了系统的叙述。该书16世纪传到日本，18世纪传到欧洲，被译为日、英、俄文，成为世界科技史的名著之一。

12. 20世纪初，几乎所有的石油商人都相信有大量石油埋藏在海底，但如何开采是个难题。美国一家小型石油开采公司聘用了"工作狂人"西尔，这位优秀的工程师大胆整合了已有技术，帮助该公司在1947年11月开采出了石油。这是全世界第一次真正从海底开采出石油。

13. 移动海上钻井平台的发明者为拉伯德，是一位美国海军退役士兵。他的构想就是利用船来运输钻井平台使其能在更深的水域中工作。

石油是来自远古的财富之一，想要好好使用这笔财富，必须先把它挖掘出来。从寻找石油到利用石油，大致要经过四个主要环节，即寻找、开采、输送和加工。这四个环节一般又分别称为"石油勘探""油田开发""油气集输"和"石油炼制"。

开采石油的第一关是勘探油田。"石油勘探"有许多方法，但地下是否有油，最终要靠钻井来证实。今天的石油地质学家使用重力仪、磁力仪等仪器来寻找新的石油储藏。地表附近的石油可以使用露天开采的方式开采。不过，时至今日这样的石油储藏已经几乎开采完了。近40多年来海上石油勘探工作查明，海底蕴藏有丰富的石油和天然气资源。

海底沉积盆地

海底石油的开发过程一般分为勘探和开采两个阶段。海上勘探原理和方法与陆地上基本相同，也分普查和详查两个步骤，其方法是以地球物理勘探法和钻井勘探法为主。

海底石油的开采过程包括钻生产井、采油气、集中、处理、贮存及输送等环节。海上石油生产与陆地上石油生产所不同的是海上油气生产设备要求体积小、重量轻、高效可靠、自动化程度高等。

海上石油钻井平台

好了，关于石油这种财富，你已经了解得足够多了。至于如何获得财富，还要靠你自己不懈的努力。

在加拿大新斯科舍省东海岸有一座奥克岛，它的别名叫"橡树岛"。17世纪时，这里是海盗出没之处。许多人都认为，在这个岛上有海盗埋藏的财宝。

与橡树岛关系最密切的海盗就是17世纪声名狼藉的基德船长，据称他曾将价值上千万英镑的财宝埋在了世界各个地方。1701年他被英国判处绞刑。据当时海盗中的传言，基德生前曾宣称："我已将财宝埋入地下，除了魔鬼撒旦和我，没有人能找到它。"

1795年夏，这个所谓的"藏宝地"被一个名叫丹尼尔·麦克吉尼斯的少年发现了。此后的两个多世纪内，一批接一批的人在此进行了数十次挖掘，耗资达300万美元，但全都无功而返。

热衷于寻宝的一群人，不但没能发财，反而赔上了无数资金，其效果真可谓"赔本赚吆喝"，说来令人既可叹又可笑。

事实上，这些人根本没想过，在海滨就有海洋埋藏的宝物，不需要耗费那么多资金去挖掘。

这宝物就是海滨砂矿。

海滨矿砂厂

海滨砂矿广泛分布于沿海国家的滨海地带和大陆架。世界上已探明的海滨砂矿达数十种，主要包含金、铂、锡、钍、钛、锆、金刚石等金属和非金属。它是在海滨地带由河流、波浪、潮汐、潮流和海流作用，使砂质沉积物中的重矿物碎屑富集而形成的矿床，或者说，它是由具有贵重矿物、稀有元素矿物以及有色金属矿物等的颗粒在海滨沉积物中富集而成的。

砂矿主要来源于陆上的岩矿碎屑，经过水的搬运和分选，最后在有利于富集的地段形成矿床。在某些地区，冰川和风的搬运也起一定作用。河流不但能把大量陆地碎屑输送到海中，而且在河床内就有着良好的分选作用。现在陆地上曾被海水淹没的古河床，便是寻找砂矿的理想场所。

海滩上的水动力作用对碎屑物质的分选也有帮助，经波浪、潮汐和沿岸流的反复冲洗，可使比重大的矿物在特定的地貌部位富集起来。

工人采集矿砂

砂矿中的重矿物一般是来自陆地上的火山岩、侵入岩和变质岩。这类基岩在陆地上的分布状况，对寻找海滨砂矿矿床具有一定的指导意义。

海滨砂矿的调查勘探工作，从 20 世纪上半叶就开始了。砂矿分布很广，但巨大矿床并不多见。由于砂矿的开采和分选易于进行，有很多国家都在开采。世界上 96% 的锆石和 90% 的金红石都产自海滨砂矿。

海砂

据报道，现已探明的砂矿储量中，钛铁最多，它是海滨砂矿的主体，储量达 103530 万吨；其次为钛磁铁矿，储量为 82400 万吨；排名第三的是磁铁矿，储量为 16000 万吨；第四为锆石，储量为 2263.5 万吨；金矿石排在第五位，有 1285 万吨，第六位是独居石，储量为 255.175 万吨。

矿产

这些矿藏埋藏在不同的地方，在我们已知的"藏宝图"上，它们的位置是这样的：海滨砂矿中的稀有、稀土矿产主要分布在热带、亚热带地区，以印度半岛、中国沿海、大洋洲、非洲西海岸和大西洋西岸最为集中，仅印度半岛的储量就达 1.278 亿吨。金矿和铁砂等贵金属矿产，主要分布在美国阿拉斯加州等地区。砂锡矿主要集中于东南亚国家地区。黑色金属矿中的磁铁矿主要分布在日本和加拿大，钛磁铁矿主要分布在新西兰，铬铁矿主要分布于美国西海岸。金刚石主要分布于澳大利亚、非洲西部和南部等地。

有一些矿产，是我们比较熟悉的。比如说，煤、铁、硫等。

47

海底煤矿是人类最早发现并进行开采的矿产。据统计，世界海滨有海底煤矿矿井 100 多口。从 16 世纪开始，英国人就在北海和北爱尔兰开采煤，这里的煤一般蕴藏在水下 100 余米深的海底。日本人从 1880 年，在九州岛海底采煤。

山东龙口煤田是我国发现的第一个滨海煤田，其主体在龙口境内。煤田东西长 27 千米，南北宽 14 千米，有煤矿区 12 处。已探明该煤田含煤面积 391.1 平方千米，总储量 11.8 亿吨。在这一地区的近岸海域还有煤矿储量 11 亿吨，油页岩总储量 3 亿吨。另外，在黄河口济阳拗陷东部也发现有煤和油页岩，储量可能达 85 亿吨。

我国的海底煤矿

开采滨海煤矿，一般是从岸上开井口，由此向海底伸延。也有利用天然岛屿和人工岛屿开井口的。采掘方法主要有洞室法、矿柱法、长壁开采法、阶梯长壁采矿法等。这些采掘方法与陆地采煤的方法差不多，所采用的设备也大致相同。不过，目前有的国家正在研究采用汽化法开采海底煤矿。

煤矿开采

截至 20 世纪 90 年代，世界上已开采的海底铁矿有两处，一个是芬兰湾贾亚萨罗·克鲁瓦铁矿，另一个是加拿大纽芬兰附近延伸到大西洋底的铁矿。纽芬兰的大西洋底铁矿的储量有几十亿吨，从贝尔岛的入口修建竖井和隧道进行开采，人们在这个矿区已经开采几十年了。

什么？你问是谁最先在海底发现了铁？

据 史料记载，第一个在海底发现铁的陆地人是那只曾经大闹天宫的泼猴孙悟空。不仅如此，他还是第一个开采了海底铁矿的人，而且还用开采出来的铁制造了兵器——那根重 13500 斤的金箍棒就是证明。（开个玩笑）

硫

硫也是海底蕴藏的一种工业原料。早在 1960 年，英国的路易斯安那海滨，距岸边 10 千米的海中，首先进行了工业化生产硫。他们采用的方法是：先钻一个孔到达储硫层，再在孔中插入多层钢管，并注入热水使硫熔化；再向内管通入压缩空气，将处于液体状态的硫输送上来。这种方法不但设计巧妙，而且还有一个很大的好处，就是用这种方法采得的硫较纯净。

海滨宝藏

海滨砂矿是海洋积攒下的重要宝藏，其中有些矿藏是我们平时没听说过的。不过，幸好科学家们已将这些宝藏登记造册，我们来查看一下这些不常见的宝贝：

☆ 砂金矿：主要产于美国的阿拉斯加、新西兰和俄罗斯西伯利亚东部海滨等处。

☆ 砂铂矿：主要产于美国的俄勒冈州和阿拉斯加、澳大利亚以及塞拉利昂。俄勒冈州西南部海滩上的铂金矿，早在 19 世纪中叶就享有盛名。

金刚石

☆ 金刚石砂矿：非洲南部大西洋沿岸纳米比亚、南非和安哥拉境内有世界上最大的金刚石砂矿。金刚石水上开采始于1961年，产量不多，但质量很高。

☆ 砂锡矿：滨海砂锡矿在东南亚地区分布甚广，从缅甸经泰国和马来西亚到印度尼西亚被称为亚洲锡矿带。

☆ 砂铁矿：日本、菲律宾、印度尼西亚、澳大利亚、新西兰等国均有开采，一般为磁铁矿。日本有明湾大型砂铁矿的主要组分为钛磁铁矿，是日本铁矿的重要来源。

☆ 复矿型砂矿：在很多砂矿中，不只是含一种矿藏，而是几种矿藏混在一起，如钛铁矿、锆石、金红石和独居石等经常结队出现，构成复矿型砂矿床。这种矿床在世界许多国家中都有发现，以澳大利亚、印度、斯里兰卡、巴西和美国等地的最为著名。

铁矿砂

贝壳砂

☆ 贝壳砂：贝壳砂是由贝壳破碎、冲刷、磨蚀并富集而成，可作为水泥原料。美国在路易斯安那州及墨西哥湾沿岸地区开采贝壳砂。1969 年路易斯安那州的产量已超过 900 万吨。

☆ 砂砾矿：砂砾矿作为建筑材料，正在加速开采。美国每年开采量超过 4000 万立方米。现在，英国有几十家公司在开采海底砂砾矿。将来近海岸的砂砾矿采尽或被建筑物覆盖后，海底砂砾矿的价值将会增长。

　　我们古代有这样一个荒唐有趣的故事：有一个人得了重病，总觉得耳朵很痛。有一天，他遇到了一个外国商人，这个商人告诉他，他的耳朵里长了虫。这个人实在痛得受不了了，就让外国人把虫从他的耳朵里取了出来。外国人说，从耳朵里取出来的这条虫是龙王的子孙，如果把虫子放在锅里煮，龙王就会送给他许多宝贝。这个人听从了外国人的劝告，从此过上了富裕的生活。

呃……我也承认把虫子放在锅里煮是很残忍的事，而且还有点儿恶心。不过，煮煮虫子能得到龙王的宝贝，也是件不错的事情……

其实我想说的是，一提起"龙王"，许多人首先想到的就是"富有"。

的确，无论是在我国的民间传说里，还是在古代的文学作品中，"龙王"总是跟"富有"挂着钩的。瞧《西游记》里的猪八戒，连到井底讨国王尸体，还要"敲诈勒索"井龙王一番，问人家要宝贝呢。这足以证明，"龙王"和"富有"的关系，是根深蒂固的。

如果给你个机会，送你一条虫让你放锅里煮，你会问龙王要什么样的宝贝呢？

别问我，我没你那么好命，能找到机会"敲诈勒索"龙王。

对了，在选宝贝之前，当然要先了解一下，龙王到底有什么样的宝贝嘛！你真是个聪明人！

像你这么聪明的人，一定知道这种事——位于海底的龙宫掌管着海洋里的财富，这些财富中最有价值的，大概要算"多金属结核"。

锰矿石

多金属结核又称锰结核、锰矿球、铁锰结核、锰矿瘤或锰团块，是沉淀于海洋、湖泊底的黑色团块状铁锰氢氧化物。它是由包围核心的铁、锰氢氧化物壳层组成的核形石，核心可能极小，有时完全晶化成锰矿。

铁锰矿

生于海底的呈结核状的铁锰化合物，还富含铜、钴、镍等多种金属，是潜在的多金属矿产资源。

多金属结核主要分布在太平洋、大西洋和印度洋的 2000 ～ 6000 米的深海底部。它的外部呈暗褐色，形如土豆，直径一般为 3~7 厘米。据科学家们估计，海底多金属结核资源为 3 万亿吨，仅太平洋就达 1.7 万亿吨。

多金属结核多呈结核状、板状、皮壳状构造，多以贝壳、鱼刺、珊瑚片、岩屑等为核心，多半构成同心圆状构造。按成长程度和形状，可分为结核或团块、结皮或结壳、锰斑。

多金属结核

调查表明，深海黏土中锰结核含量最高，硅质沉积物中次之，钙质沉积物中较少，钙质软泥中普遍不含锰结核。海底锰结核由于分布范围广、金属含量高等特点，是未来的一种极为重要的矿产资源。

"蛟龙"号拍摄到的深海锰结核

锰

锰是一种化学元素，化学符号是 Mn，原子序数为 25，是一种过渡金属。这种金属元素是瑞典的甘恩于 1774 年发现的。他用软锰矿和木炭在坩埚中共热，发现一颗纽扣大的锰粒。

锰是在地壳中广泛分布的化学元素之一。它的氧化物矿藏——软锰矿早为人们知悉和利用。但是，一直到 18 世纪 70 年代，西方化学家们仍认为软锰矿是含锡、锌和钴等的矿物。

18 世纪后半叶，瑞典化学家柏格曼研究了软锰矿，认为它是一种新金属氧化物。他曾试图分离出这个金属，却没有成功。1774 年，他的助手甘恩分离出了金属锰。柏格曼将它命名为 managnese，即"锰"。

锰是一种银白色的金属，质地坚而脆。在空气中易氧化，生成褐色的氧化物覆盖层。它也容易在升温时氧化。

锰在冶金工业中被用来制造特种钢；钢铁生产上用锰铁合金作为去硫剂和去氧剂。在实验室中二氧化锰常用作催化剂。

金属锰

打捞出的锰结核

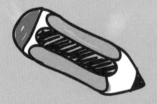

现已探明，太平洋底表层1米内锰结核中所含锰、铜、镍、钴等金属的储量，即相当于陆地储量的几十至几千倍。估计太平洋的多金属结核中，含锰2000亿吨、铜50亿吨、钴30亿吨、镍90亿吨，是潜在的海底宝藏。

多金属结核这种宝贝，海龙王采取了"零存整取"的方法，一点点收集而成。这和你平时做的差不多——不时地把零钱扔进存钱罐，到想买东西的时候，把存进去的所有零钱都取出来。

不过，想要存钱，得先有钱才行，海龙王的这些"零钱"是怎么来的呢？科学家们告诉我们，它们的来源有 4 个渠道，分别是：大陆或岛屿上的岩石风化、海底火山喷发物和海底温泉、生物供给以及海水和间隙水供给。

热液采样器
在海底工作

海底热泉

关于各类多金属结核具体是怎么形成的，目前还存在着争论。有的人提出，金属成分缓慢从海水中析出，沉淀形成结核体；也有人认为金属来自与火山活动有关的热液，或来自玄武岩碎屑的分解；还有人认为，是微生物的活动催化了金属氢氧化物析出沉淀。

更有可能的是，在多金属结核形成期间，科学家们提出的这种种成因，是同时或相继发生的。而要形成结核，必须具备几个条件。

首先，海洋沉积物的沉积速率不能太快，或者，在其沉淀积聚之前有某种刷除沉积物的过程。

其次，多金属结核不是凭空产生的，其中的金属元素有其诞生源头。想要生成结核，需要有积聚了铜、镍等微量元素的浮游生物，这些浮游生物死亡后沉降到海底的有机物可能是组成结核的金属的来源之一；组成结核的金属的另一个来源，是海底热泉，尤其是结核中的锰，当热液从裂缝中涌出来时，金属锰也从底层的玄武岩中滤出。

第三，要有微生物的帮忙。微生物活动可能会极大地促进结核的凝聚过程。

就如同你在地里种下一粒种子，然后常常浇水、施肥，最后收获到花朵或果实一样，海龙王为多金属结核的生长准备了上述三个条件，然后，随着时间的推移，就收获了多金属结核这种宝贝。

多金属结核是 1868 年首先在西伯利亚以北的喀拉海中发现的。1872~1876 年，英国"挑战者"号考察船在进行科学考察期间，发现世界大多数海洋中都有多金属结核。

机械手采集多金属结核

这些结核均位于海底表层的海洋沉积物上，往往处于半埋藏状态。当然，有些结核完全被沉积物掩埋，所以有些地方在照片上没有显示任何迹象，却也采集到了结核。结核富集程度差别很大。一般认为，在不足 1 平方千米的范围内，结核要达到每平方米 15 千克才具有经济价值。结核在不同深度海底都存在，但在 4000~6000 米深度储存量最丰富。

锰 钢

锰钢的脾气十分古怪而有趣：如果在钢中加入2.5%~3.5%的锰，那么所制得的低锰钢简直脆得像玻璃一样，一敲就碎。然而，如果加入13%以上的锰，制成高锰钢，那么就变得既坚硬又富有韧性。高锰钢加热到淡橙色时，变得十分柔软，很容易进行各种加工。另外，它没有磁性，不会被磁铁所吸引。现在，人们用锰钢制造滚珠轴承、推土机与掘土机的铲斗等易磨损的构件以及桥梁等。上海新建的文化广场观众厅的屋顶，采用新颖的网架结构，用几千根锰钢钢管焊接而成。在纵76米、横138米的扇形大厅里，中间没有一根柱子。由于用锰钢作为结构材料，非常结实，而且用料比别的钢材省，平均每平方米的屋顶只用45公斤锰钢。1973年兴建的上海体育馆，可容纳18000人，也同样采用锰钢作为网架屋顶的结构材料。在军事上，用高锰钢制造钢盔、坦克钢甲、穿甲弹的弹头等。炼制锰钢时，是把含锰达60%~70%的软锡矿和铁矿混在一起冶炼而成的。

海龙王拥有的另一样宝贝，是热液矿藏。和多金属结核不同，它可不是龙王自己收集来的，而是自己长出来的，或者说，这是天上掉下来，恰好给龙王捡到的。

热液矿藏

热液矿藏又称"多金属泥"，是由海底喷出的高温熔岩，经海水冲洗、析出、堆积而成的，并能像植物一样，以每周几厘米的速度飞快地增长。它含有铜、铅、锌、锰、铁、金、银等几十种稀有金属，而且金、锌、银等金属含量非常高，所以又有"海底金银库"之称。特别有趣的是，这些重金属五彩缤纷，有黑、白、黄、蓝、红等各种颜色，因此非常养眼。

你可能会有疑问：热液矿藏不是从海底喷出来的吗，为什么又说它是天上掉下来的呢？

先声明一下，"从天上掉下来"并不是一个比喻手法，我说的是一个事实。

这件事要从太阳系的诞生说起。天文学家们研究发现，组成太阳系的元素，来自已经爆发死去的年老恒星。这些恒星如今大多已"不在人世"了，在临终前，它们把一生辛苦冶炼出的重元素抛向宇宙太空，形成星际物质。而这些星际物质慢慢聚集到一起，经过千亿年的演变，又形成新的恒星及围绕其运转的行星。我们的太阳系就是在前一代恒星"遗骸"的基础上凝聚而成的，其中所含的重元素，包括地球内部的金属元素，甚至组成我们身体的碳、氢、氧、磷、硫、钙等，全部来自已死亡的前一代恒星的馈赠。

热液矿藏虽然是从海底里喷出来的，但那些金属，最初却是由恒星们"炼"出来的。

所以说，热液矿藏这种宝贝，是从天上掉下来的。经过漫长的旅程，历经了一系列的转变，它搭乘海底热泉，来到了海龙王家。对此，较为科学的说法是这样的——

海底热液矿床是与海底热泉有关的一种多金属硫化物矿床，分布水深一般为800~2400米。海水侵入水深2000~3000米的海底裂缝中，被地壳深处热源加热后，溶解了地壳内的多种金属化合物，然后从海底喷出，遇到冷海水而凝结，生成的沉淀物就形成了热液矿藏，并不断堆积。

海底热矿示意图

热液矿藏不像多金属结核那样，要靠长时间的"零存整取"积攒起来，它会不定期地自动出现在龙王的宝库中。不过，它和多金属结核有相同的特点，就是也能"生长"。

现在你明白龙王为什么会那么富有了吧！他的财富都是会自己生长的，龙王用不着自己去挣钱，只要在家里坐着，等宝贝长出来就行了。

海底热液矿床的发现，引起世界各国的高度重视。专家们普遍认为，海底热液矿是极有开发价值的海底矿床。一些深海探查开采技术发达的国家纷纷投入巨资研制各种实用型采矿设备。

海底热液矿是极有开发价值的海底矿床。美国把海底热液矿床看作是未来的战略性金属的潜在来源，并且由政府出面，制订了中长期开发计划。中国也将海洋技术列为未来重点发展的高新技术之一。

在当今技术条件下，虽然海底热液矿藏还不能立即进行开采，但是，它却是一座具有巨大潜在价值的海底资源宝库。一旦能够进行工业性开采，那么，它将同海底石油、深海锰结核和海底砂矿一起，成为 21 世纪海底四大矿种之一。

海底热液矿石

海底热液矿床
硫化矿石

相关链接

我国大洋科考船
发现 16 处海底矿藏热液区

2010 年 12 月 8 日，我国大洋科考主力船舶"大洋"一号从广州起航，开始执行科学考察任务。这次科考历时 369 天，航行 64162 海里，调查区域涉及印度洋、大西洋和太平洋三大洋，航程相当于赤道长度的 3 倍。

2011 年 12 月 11 日上午，"大洋"一号圆满完成我国最大规模环球大洋科考，胜利返回青岛。

此次科考开展了海底多金属硫化物、深海生物基因等多项调查，新发现了 16 处海底热液区，几乎占我国已知海底热液区的一半，包括南大西洋 5 处，东太平洋 11 处，其中在南大西洋发现的一处热液区是目前南大西洋中发现的最南端的热液区。

在人的一生中，每一天都要面临许多生活问题。这些问题如果解决不好，会极大地影响你的生活质量，甚至会威胁到你的生存。对此，你是否有所准备呢？

比如说，未来的某天，地球上的石油都被开采光了，所有的汽车、飞机等都不能再行驶；比如说，某天你做饭正做到一半，忽然没有天然气了；比如说，冬天来了，可楼里的暖气停了，因为没有煤，无法供暖；比如说……

好了好了，听从你的意见，我们不再"比如说"了。

可是，虽然我们不再"比如说"，但是刚刚所说的那些问题还是没解决啊！

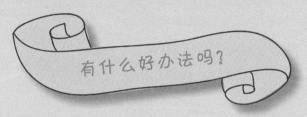

有什么好办法吗?

办法嘛，当然有啊，而且很简单。

教给你一句很有用的话，当有人问你某些生活问题时，你可以用这句话来回答。

如果有人跟你说："现在俺家的汽车没油了，跑不动了，咋办?"你就回答他："没关系，烧块冰吧。"

燃烧的冰块

如果有人问你："今天家里天然气忽然停了，饭才做了一半，咋办？"你就回答他："没关系，烧块冰吧。"要是他不愿意，你还可以回答他："要不干脆别做了，出去吃吧。"

　　如果某天，世界上的煤都被开采完了，也都烧光了，有人来找你拿主意，你就回答他："没关系，烧块冰吧。"
　　……

　　总之，凡是遇到这一类的问题，你都可以用这句话来回答："没关系，烧块冰吧。"

冰

　　矿物指的是由天然产生且具有特定的化学成分和内部晶体结构的均匀固体。它们通常是天然生成的，且都有特定的化学成分。矿物必须是均匀的固体。许多矿物具有规则的多面体形态，这些呈多面体状的自然矿物就是天然产生的晶体。

　　液态的水不是矿物，但天然形成的冰却属于矿物。煤和石油虽然是重要的矿产资源，但它们是有机物，而不是矿物。

磁铁矿

别担心，我脑子没病，只要烧块冰，这些问题绝对都能解决。至于要烧多大的一块，那要视具体情况而定。

什么？你问我冰能烧吗？

当然能烧了！没听说过"可燃冰"吗？

可燃冰到底是什么冰？

这个……实话说，它不是冰，不，确切地说，它不是我们平时见的那种冰。

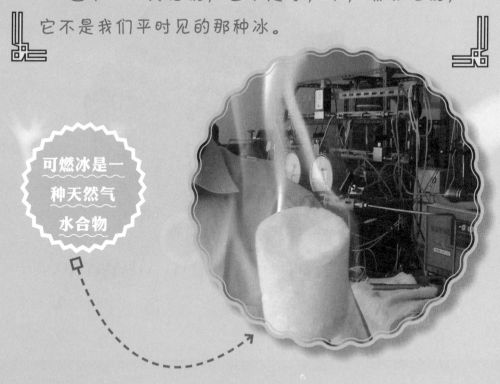

可燃冰是一种天然气水合物

通常我们所说的冰，是由水凝结而成的固体，换句话说，自然界中的水，具有三种状态，分别为气态、固态和液态。液态的我们称之为水，气态的水叫水汽，固态的水称为冰。它是一种矿物。

冰是无色透明的固体，晶体结构一般为六面体，不过，在外部压力不同的情况下，凝成的冰，内部也可能会有其他晶体结构。

至于可燃冰，它是气体与水相互作用过程中形成的固态结晶物质，为白色固体，外形晶莹剔透，看上去和冰很像。它是一种水合包合物，是天然气分子被包进水分子中形成的。

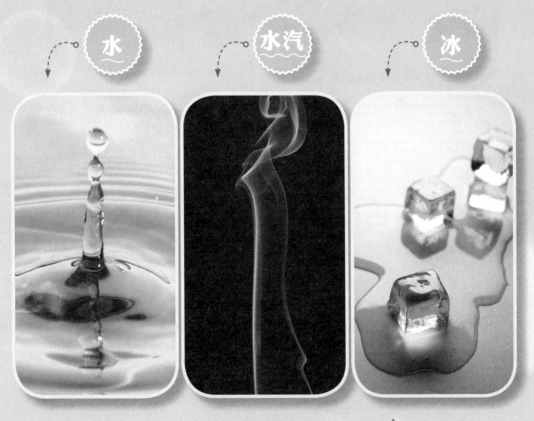

水　　水汽　　冰

可燃冰的全称是甲烷气水包合物，也称作甲烷水合物、甲烷冰、天然气水合物，分布于深海沉积物或陆地上的永久冻土中，是由天然气与水在高压低温条件下形成的冰状结晶物质。因其外貌极像冰块，而且点火即可燃烧，所以又被称作"可燃冰""固体瓦斯"或者"气冰"。

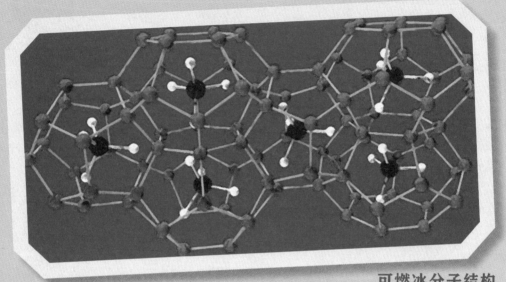

可燃冰分子结构

可燃冰在自然界广泛分布于大陆永久冻土、岛屿的斜坡地带、极地大陆架以及海洋和一些内陆湖的深水环境中。最初人们认为它只有在太阳系外围那些低温、常出现冰的区域才可能出现，但后来发现在地球上许多海洋洋底的沉积物底下，甚至地球大陆上也有可燃冰的存在，其蕴藏量也较为丰富。

可燃冰在海洋生态圈中是常见的成分，通常出现在深层的沉淀物结构中，或是在海床处露出。据推测，可燃冰是因地理断层深处的气体迁移时与海洋深处的冷水接触所形成的。

可燃冰是在海底低温与压力下结晶形成的。

它的诞生至少要满足三个条件：温度、压力和原材料。

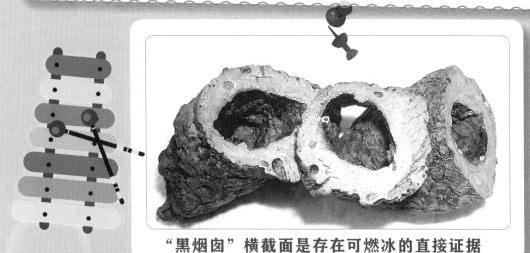

"黑烟囱"横截面是存在可燃冰的直接证据

首先，温度不能太高。可燃冰可在0摄氏度以上生成，但超过20摄氏度便会分解，而海底温度一般保持在2~4摄氏度左右，具备产生可燃冰的良好条件；其次，压力要足够大。可燃冰在0摄氏度时，只需30个大气压即可生成，以海洋的深度，30个大气压很容易保证，并且海底越深压力就越大，可燃冰也就越稳定，不容易分解；第三，要有甲烷气源。海底有丰富的有机物沉淀，如古生物尸体等，其中的碳经过生物转化，可产生充足的气源。海底的地层是多孔介质，在温度、压力、气源三者都具备的条件下，可燃冰晶体就会在介质的空隙中生成。

可燃冰是 20 世纪科学考察中发现的一种新的矿产资源，被誉为 21 世纪具有商业开发前景的战略资源，是一种新型高效能源。其成分与人们平时所使用的天然气成分相近，但更为纯净，开采时只需将固体的"天然气水合物"升温减压就可释放出大量的甲烷气体。

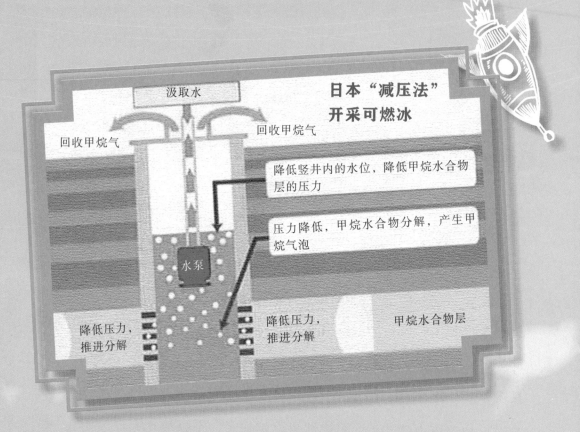

日本"减压法"开采可燃冰

汲取水

回收甲烷气

回收甲烷气

降低竖井内的水位，降低甲烷水合物层的压力

压力降低，甲烷水合物分解，产生甲烷气泡

水泵

降低压力，推进分解

降低压力，推进分解

甲烷水合物层

可燃冰使用方便，其能量密度高，杂质少，燃烧值高，燃烧后几乎无污染。据了解，全球可燃冰的矿层厚、规模大、分布广、资源丰富，储量是现有天然气、石油储量的两倍，具有广阔的开发前景，美国、日本等国均已经在各自海域发现并开采出可燃冰。据测算，中国南海可燃冰的资源量为 194 亿立方米，相当于中国目前陆上石油、天然气资源总量的二分之一。

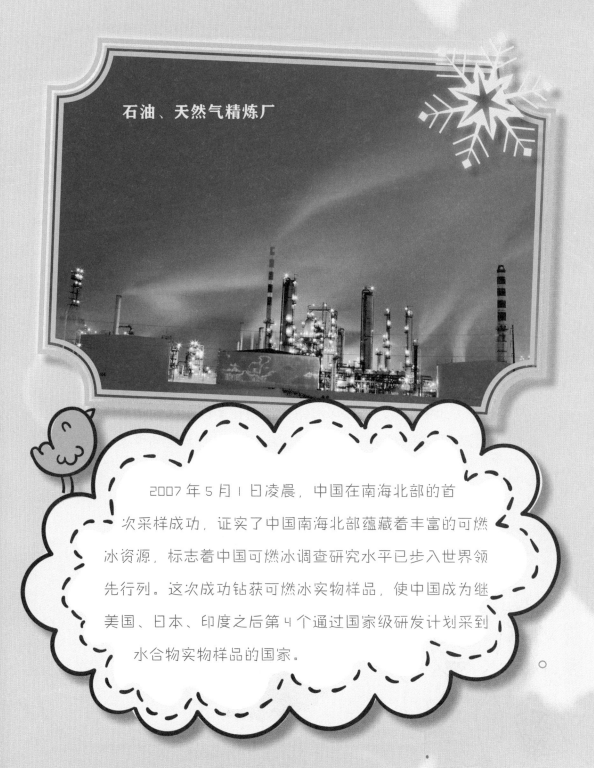

石油、天然气精炼厂

2007 年 5 月 1 日凌晨，中国在南海北部的首次采样成功，证实了中国南海北部蕴藏着丰富的可燃冰资源，标志着中国可燃冰调查研究水平已步入世界领先行列。这次成功钻获可燃冰实物样品，使中国成为继美国、日本、印度之后第 4 个通过国家级研发计划采到水合物实物样品的国家。

发现与探索

1810 年，人们首次在实验室发现了天然气水合物。

1934 年，苏联在被堵塞的天然气输气管道里发现了天然气水合物，这一发现引起了苏联人对天然气水合物的重视。

1965 年，苏联首次在西伯利亚永久冻土中发现了天然气水合物矿藏，并引起多国科学家的注意。

1970 年，苏联开始对该天然气水合物矿床进行商业开采。

1970 年，国际深海钻探计划在美国东部大陆边缘实施深海钻探，在海底沉积物取心过程中，海洋地质学家们在海底取到的沉积物岩心中发现有水合物。

可燃冰

  1971 年，美国学者在深海钻探岩心中首次发现海洋天然气水合物，并正式提出"天然气水合物"概念。

  1974 年，苏联在黑海 1950 米水深处发现了天然气水合物的冰状晶体样品。

  1979 年，国际深海钻探计划第 66 和 67 航次在墨西哥湾实施深海钻探，从海底获得天然气水合物岩心，首次验证了海底天然气水合物矿藏的存在。

  1981 年，国际深海钻探计划利用"格罗玛·挑战者"号钻探船也从海底取上了约 1 米长的水合物岩心。

  1992 年，国际深海钻探计划第 146 航次在美国俄勒冈州西部大陆边缘取得了天然气水合物岩心。

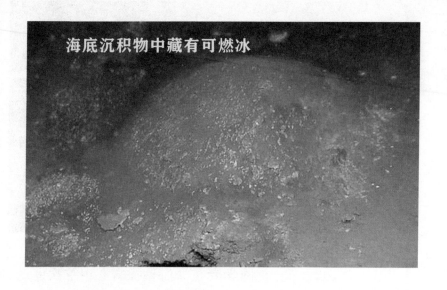

海底沉积物中藏有可燃冰

　　1995 年，国际深海钻探计划第 164 航次在美国东部海域实施了一系列深海钻探，取得了大量水合物岩心，首次证明该矿藏具有商业开发价值。

　　1997 年，国际深海钻探计划考察队利用潜水艇在美国南卡罗来纳海上的布莱克海台首次完成了水合物的直接测量和海底观察。同年，国际深海钻探计划在加拿大西海岸实施了深海钻探，取得了天然气水合物岩心。至此，人们已在 10 个深海地区发现了大规模天然气水合物聚集。

　　1996 年和 1999 年期间，德国和美国科学家通过深潜观察和抓斗取样，在美国俄勒冈州岸外卡斯卡迪亚海台的海底沉积物中取到冒着气泡的白色水合物块状样品,该水合物块可以被点燃,并发出熊熊的火焰。

1998 年,日本通过与加拿大合作,在加拿大西北部麦肯齐三角洲进行了水合物钻探,获得 37 米水合物岩心。该钻井深 1150 米,是高纬度地区永久冻土带研究气体水合物的第一口深井。

1999 年,日本在其静冈县御前崎市近海挖掘出外观看起来像湿润雪团一样的天然气水合物。

中、德科学家在科考船上吊放用来寻找可燃冰的海底勘察设备

天然气水合物在给人类带来新的能源前景的同时，对人类生存环境也提出了严峻的挑战。天然气水合物中的甲烷，其温室效应为二氧化碳的 20 倍。温室效应造成的异常气候和海面上升正威胁着人类的生存，全球海底天然气水合物中的甲烷总量约为地球大气中甲烷总量的 3000 倍，若是不慎让海底天然气水合物中的甲烷气逃逸到大气中去，将产生无法想象的后果。而且固结在海底沉积物中的水合物，一旦条件变化使甲烷气从水合物中释出，还会改变沉积物的物理性质，极大地降低海底沉积物的工程力学特性，使海底软化，出现大规模的海底滑坡，毁坏海底工程设施。

天然可燃冰呈固态，不会像石油开采那样自喷而出。如果把它从海底一块块搬出，在从海底到海面的运送过程中，甲烷就会挥发殆尽，同时还会给大气造成巨大污染。为了获取这种清洁能源，世界许多国家都在研究天然可燃冰的开采方法。科学家们认为，一旦开采技术获得突破性进展，那么可燃冰立刻会成为21世纪的主要能源。

为了让我们未来的日子过得更美好，大家一起加油吧！

看过前面的文字，你已经知道世界上的财富都集中在哪里了吧？——就冲我讲得这么辛苦，你也应该好心地回答一句"知道"啊。这样我才能自豪地说："我的说法得到了科学的证明！"

我的说法……你问我这个说法具体是啥？简单，一句话就可以概括：海洋是个大宝库！

不过呢，话说回来，光知道宝库在哪里还不够，得把这些宝贝搬出来才算数呢。

怎么才能把这些宝贝拿出来呢？老话说得好：工欲善其事，必先利其器。也就是说，想干好一件事，必须先准备好趁手的工具。

想要到龙宫去捞宝贝，必须先想法子到龙宫去，并且考察龙宫的情况，准备捞宝贝用的东西。

我们还是使用科学的一些语句来阐述这个问题吧。

请翻到下一页——

浩瀚的海洋占据了地球表面积的 71%，海底丰富的石油蕴藏、堆积着无数的锰结核以及其他资源，吸引着一些工业发达国家竞相进行海洋开发事业。深潜技术是进行海洋开发的必要手段，它是由深潜器、工作母船和陆上基地所组成的一个完整的系统，深潜器是其关键部分。

"海马"号 4500 米级无人遥控深潜器

深潜器是具有水下观察和作业能力的活动深潜水装置，主要用来执行水下考察、海底勘探、海底开发和深海失事船只的打捞及救生等任务，并可以作为潜水员活动的水下作业基地。

深潜器分为有人深潜器、无人深潜器和遥控深潜器等多种类型，其主要任务有三类：

一类是用于海洋调查，采集水下标本，进行水下摄影，开展潜水医学和生理学研究，进行水声学研究；另一类是协助进行深海石油资源的勘探与开发，检查及维修海底电缆管道，运送潜水员在水下执行任务，进行水下救生与打捞；最后一类是执行军事侦察、扫雷、布雷等任务，试验和回收鱼雷、水雷、深弹等水中兵器，营救失事潜艇的艇员，观察武器的水下发射情况，进行水下噪音测量等。

"迪里亚斯特"号深潜器

　　深潜器的建造难度较大，其电气化、自动化的程度较高。

　　1928年，一位美国人，奥蒂斯·巴顿发明并建造了第一艘球形深海探测装置。1930年，巴顿和另一名博物学家威廉·彼博一起乘坐这个球形装置下潜到了距海面245米的深度；1932年，他们又下潜到了923米的深度。这一纪录直到15年之后才被打破。

由瑞士探险家奥古斯特·皮卡德发明的深海潜水器可算深潜器制造史上的一块重要里程碑。该潜水器在巴顿的球形深海探测装置上加装了升力和推进装置，看起来像一艘粗笨的深海潜艇。皮卡德在对部分设计进行了一些改进之后，建造了第二艘潜水器，并命名为"迪里亚斯特"号。1957年，美国海军购买了"迪里亚斯特"号。1960年，皮卡德的儿子和美国海军上尉搭乘"迪里亚斯特"号下潜到了马里亚纳海沟的深处，距海面10916米。

　　最著名的深潜器还是"阿尔文"号，它是在1964年专门为美国海军建造的，由伍兹霍尔海洋研究所管理使用。"阿尔文"号可以搭乘3名研究人员，并且能够下潜到4500米的深度。

"阿尔文"号

深潜器之最

1. 最多——俄罗斯"和平"一号深潜器

俄罗斯是目前世界上拥有载人深潜器最多的国家,最著名的是 1987 年建造完成的"和平"一号、"和平"二号两艘 6000 米级深潜器,电影《泰坦尼克号》里的很多镜头就是它们探测的片段。

"和平"一号还有一位大名鼎鼎的乘客——俄罗斯总理普京,他在 2009 年 8 月 1 日搭乘"和平"一号潜至世界最深淡水湖贝加尔湖水面下大约 1400 米处,探查新能源"可燃冰",在水下待了超过 4 小时。

2. 最深——10916 米

世界最大载人潜水深度为 10916 米,由美国"迪里亚斯特"号深潜器保持,这个纪录至今已保持了 51 年。1960 年 1 月,科学家雅克·皮卡德和唐·沃尔什乘坐"迪里亚斯特"号潜入马里亚纳海沟进行科学考察。2008 年,雅克·皮卡

"和平"一号

100

马里亚纳海沟

德去世，唐·沃尔什成了全世界唯一见过海底万米景象的人。2010 年，唐·沃尔什还曾经到过中国，参观过"蛟龙"号。

3. 最传奇——"阿尔文"号

美国的"阿尔文"号是世界上著名的深潜器，服务于美国的伍兹霍尔海洋研究所，从 1964 年 6 月 5 日下水至今已工作 47 年。

"阿尔文"号的主要用途是科学考察，但偶尔也会客串干点别的差事。1966 年初，在西班牙东海岸，美国空军的一架空中加油飞机在给一架轰炸机加油时，两机相撞，坠毁在附近海岸。坠毁的轰炸机上携带着 4 颗氢弹，3 颗落在西班牙本土，一颗则消失在地中海里。美国海军不得不求助于建成不久的"阿尔文"号。一个多月后，"阿尔文"号不负众望，在 1000 多米深的海底找到了这颗氢弹，一战成名。

1986 年，"阿尔文"号再建新功，它成功地参与了对泰坦尼克号沉船的搜寻和考察，因此登上了美国《时代》周刊的封面。

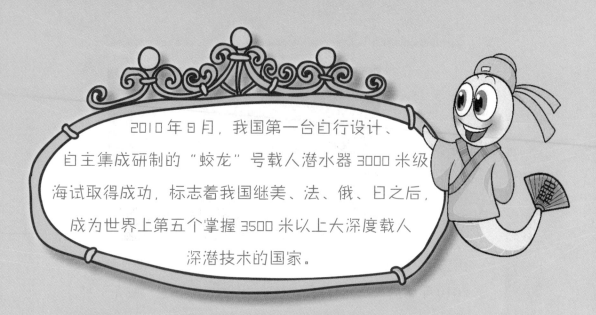

2010年8月，我国第一台自行设计、自主集成研制的"蛟龙"号载人潜水器3000米级海试取得成功，标志着我国继美、法、俄、日之后，成为世界上第五个掌握3500米以上大深度载人深潜技术的国家。

为推动中国深海运载技术发展，为中国大洋国际海底资源调查和科学研究提供重要的高技术装备，同时为中国深海勘探、海底作业研发共性技术，中国科技部于2002年将"蛟龙"号深海载人潜水器研制列为国家高技术研究发展计划重大专项，启动"蛟龙"号载人深潜器的自行设计、自主集成研制工作。

"蛟龙"号载人潜水器

　　在国家海洋局组织安排下，中国大洋协会作为具体负责"蛟龙"号载人潜水器项目的组织实施者，并会同中船重工集团公司702所、中科院沈阳自动化所和声学所等约100家中国国内科研机构与企业联合攻关。他们攻克了中国在深海技术领域的一系列技术难关，经过6年努力，完成了载人潜水器本体研制、水面支持系统研制、试验母船改造和潜航员培训，从而具备开展海上试验的技术条件。

"蛟龙"号长、宽、高分别是8.2米、3.0米与3.4米，空重不超过22吨，最大荷载是240千克，最大速度为每小时25海里，巡航速度每小时1海里，最大工作设计深度为7000米，目前最大下潜深度为7062米。

　　"蛟龙"号具有四大特点：一是在世界上同类型潜水器中具有最大设计下潜深度，这意味着它的工作范围可覆盖全球99.8%的海洋区域；二是具有针对作业目标稳定的悬停，这为该潜水器完成高精度作业任务提供了可靠保障；三是具有先进的水声通信和海底微地形地貌探测能力，可以高速传输图象和语音，探测海底的小目标；四是配备多种高性能，确保载人潜水器在特殊的海洋环境或海底地质条件下完成保真取样和潜钻取芯等复杂任务。

"蛟龙"号下潜作业

　　近底自动航行和悬停定位、高速水声通信、充油银锌蓄电池容量被誉为"蛟龙"号的三大技术突破。"蛟龙"号可以完成三种自动航行，即自动定向、自动定高和自动定深。更为令人称奇的是，"蛟龙"号还能悬停定位。一旦在海底发现目标，"蛟龙"号不需要像大部分国外深潜器那样坐底作业，而是由驾驶员行驶到相应位置，"定住"位置，与目标保持固定的距离，方便机械手进行操作。在海底洋流等导致"蛟龙"号摇摆不定，机械手运动带动整个潜水器晃动等内外干扰下，能够做到精确地"悬停"令人称道。在已公开的消息中，尚未有国外深潜器具备类似功能。

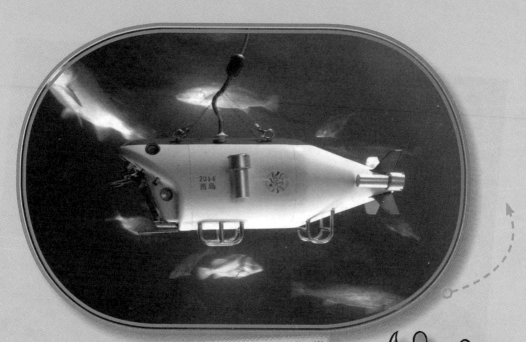

　　从 2009 年 8 月开始，"蛟龙"号载人深潜器先后组织开展 1000 米级和 3000 米级海试工作。2010 年 5 月 31 日至 7 月 18 日，"蛟龙"号载人潜水器在中国南海 3000 米级海上试验中取得巨大成功，共完成 17 次下潜，最大下潜深度达到 3759 米，超过全球海洋平均深度 3682 米，并创造水下和海底作业 9 小时零 3 分的记录，验证了"蛟龙"号载人潜水器在 3000 米级水深的各项性能和功能指标。

　　2011 年 7 月 26 日，"蛟龙"号安全布放，3 时 57 分正式开始下潜，这次下潜试验中成功突破 5000 米水深大关。

2012 年，"蛟龙"号在马里亚纳海沟试验海区创下了下潜 7062 米的中国载人深潜纪录。

深海是国际海洋科学技术的热点领域，也是人类解决资源短缺、拓展生存发展空间的战略必争之地。无论是探索深海科学奥秘，还是开发海洋战略资源，都离不开海洋高科技的支撑。"蛟龙"号载人潜水器 7000 米级海试成功，是中国海洋科技发展的又一个里程碑。国家海洋局表示，通过本次海试，"蛟龙"号载人潜水器各项指标得到了进一步检验，实现了中国载人深潜新的突破，标志着中国具备了到达全球 99.8% 以上海洋深处进行作业的能力，极大地增强了中国科技工作者进军深海大洋、探索海洋奥秘的信心和决心。

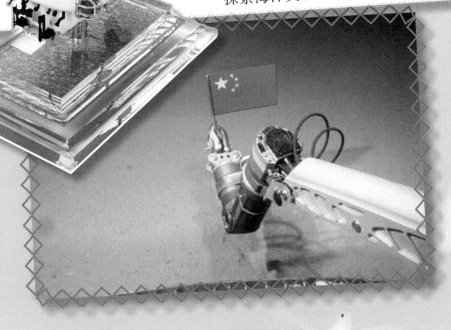